Bibliografische Information der Deutschen Nationalbibliothek:

Die Deutsche Bibliothek verzeichnet diese Publikation in der Deutschen Nationalbibliografie; detaillierte bibliografische Daten sind im Internet über http://dnb.d-nb.de/ abrufbar.

Impressum:

Druck und Bindung: Books on Demand GmbH, Norderstedt Germany
ISBN: 9783668599147

Dieses Buch bei GRIN:

https://www.grin.com/document/384189

Alihaydar Akbas

Anorexia nervosa. Theorie und Behandlungsansätze in der Therapie

GRIN Verlag

Hochschule für Angewandte Wissenschaften Hamburg
Fakultät Wirtschaft und Soziales
Department Soziale Arbeit

Modul Nr.: 11, Interdisziplinäre Betrachtung des Lebenslaufs
Seminar: Erziehungswissenschaft (M 11.1.1)
Semester: 1

Theorie und Behandlungsansätze in der Therapie von Anorexia nervosa

Hausarbeit/Ausarbeitung

Vorgelegt am: 29.02.2016
Vorgelegt von:
Akbas, Ali Haydar;

Inhalt

1. Einleitung

Der Verdacht auf eine Essstörung liegt gemäß der Bundeszentrale für gesundheitliche Aufklärung (BzgA) bei jedem fünften Jugendlichen vor. Die Essstörung Anorexia nervosa ist nach Bulemia nervosa, die zweit häufigste Essstörung in Deutschland (vgl. BZgA, 2010). Beide Störungen fallen in dem Klassifizierungssystem des ICD-10 (International Statistical Classification of Diseases and Related Health Problems) unter psychische und Verhaltensstörungen und beschreiben ein extremes und anormales Essverhalten. **Anorexia nervosa** ist dadurch gekennzeichnet, dass die betroffenen grundlegend zu wenig Nahrung aufnehmen. Menschen mit **Bulimia nervosa** dagegen nehmen bei Essattacken eine sehr großen Menge Nahrung zu sich und versuchen, durch ihr Verhalten der Gewichtszunahme entgegenzusteuern, und bedienen sich dabei an Mitteln wie z.B. herbeigeführtes Erbrechen. Zwar sind die Krankheitsbilder teilweise sehr verschieden, werden aber dennoch oftmals gleich oder ähnlich durch Therapie behandelt, aus diesem Grund beschränken wir uns der einfachheitshalber in dieser Arbeit auf Anorexia nervosa, wobei auch an einigen Stellen die Überschneidungen zu Bumilia nervosa deutlich werden. Zudem können Essstörungen ineinander übergehen, so wie es in 20 Prozent der Fälle aus Magersucht, beziehungsweise Anorexia nervosa Bumilie wird (BzgA, 2010, 16)
Wir haben uns für die psychoanalytische Theorie entschieden, da sie uns am sinnvollsten für die Verbindung mit Anorexia nervosa erscheint. Im Folgenden stellen wir diese Theorie in Bezug auf die Essstörung Anorexia nervosa dar. Desweiteren werden wir mit der Einrichtung sMUTje exemplarisch darstellen, wie der erste Kontakt mit Personen, die an Essstörungen leiden aussieht. Im Anschluss zeigen wir mit dem Fallbeispiel von Charlotte K., wie eine teils stationäre sowie ambulante Therapie Betroffenen helfen kann.

Abschließend möchten wir konträr mit der Studie zu der dialektisch- behavioralen Therapie (DBT) einerseits einen Einblick auf ein anderes Behandlungskonzept geben und andererseits die Wirksamkeit dieser Therapieform zeigen.

2. Definition von Anorexia nervosa

Anorexia nervosa ist eine im Jugendalter gehäuft auftretende Essstörung, die auch später im Erwachsenenalter beginnen kann. Ähnlichkeiten erstrecken sich auf das gewichtskriterium, die Körperschemastörung , die Amenorrhö und die Gewichtsphobie. Hinsichtlich der Definition dieser kriterien unterscheiden sich diese beiden Systeme jedoch. Anorexia nervosa fällt unter das Klassifizierungssystem des ICD-10. Während beide Klasseifikationssysteme die Fälle der prepubertären Erkrankungen erwähnen, haben sie andererseits mehrere Besonderheiten aufzuweisen. Die ICD-10- Kriterien sind bei der Definition des selbst herbeigeführten Gewichtsverlustes präziser. Ferner verbindet die ICD-10 die Körperschemastörung mit dem Hauptthema der psychopathologie, nämlich der Angst vor dem Dicksein. Damit wird zugleich das Kriterium der Körperschemastörung als eines spezifischen Kriteriums für die anorexia nervosa relativiert. Eine derartige Betrachtungsweise steht im Einklang mit der Forschung zur Körperschemastörung, die recht uncharakteristisch sind und wenig spezifisches zum Verständnis der Psychopathologischen der Essstörung beitragen.

3. Die psychoanalytische Theorie

Um die Gründe von Essstörungen zu erklären, werden unterschiedliche und mögliche Ansätze angerissen. Diese sind: die Lerntheorie, psychoanalytische Theorie, humanistische, sowie kognitive- und systemische Theorie. Bei der Behandlung werden tiefenpsychologische, psychoanalytische und familientherapeutische, sowie Sucht- und Frauenspezifische Therapien und Selbsthilfegruppen angeboten. Für diese Hausarbeit wurde die psychoanalytische Theorie ausgewählt.

Der Protagonist der psychoanalytischen Theorie ist Sigmund Freud, der ein bedeutender Psychologe und Wissenschaftler war. Das erste Mal wurde der Begriff der Psychoanalyse im Jahre 1896 verwendet und bedeutet "Zerlegung/Untersuchung der Seele". Weitere wichtige Pschoanalytiker_Innen sind seine Tochter, Anna Freud, E.H Erikson, von dem das Stufenmodell der psychosozialen Entwicklung stammt, sowie F. Redl, der sich auf die Arbeit mit verhaltensauffälligen Kindern konzentrierte und bei Gründung des Konzeptes Milieutherapie mitgewirkt hat.

Alle drei haben sich auch näher mit der "Ich-Psychologie" beschäftigt.
Diese untersucht die Entwicklung, die Abwehrmechanismen und auch die Funktionen des “Ichs”. Ein wichtiger Gründer der Ich-Psychologie ist auch - H. Hartmann. In dieser Hausarbeit wird zudem auch mit J. Benjamins Aussagen gearbeitet, die eine weitere Psychoanalytikerin ist und sich mit Ansätzen der Intersubjektiven Theorie beschäftigt. (Psychoanalytikerinnen. Biographisches Lexikon, online)

In dieser Hausarbeit werden nur ein paar wichtige Ansätze von S. Freud beschrieben. Die Pyschoanalyse untersucht das Seelenleben von Menschen, das Bewusstsein, sowie das Unbewusstsein und auch die Triebpräsentanzen. Das Strukturmodell Freuds besteht aus drei Teilen: Sofortige Befriedigung der menschlichen Triebe und Stillung des Verlangens, sind das „Es“ und stellen den ersten Punkt dar.
Der Träger des bewussten Erlebens ist das „Ich“ und das „Über-Ich“ setzt sich aus den moralischen Normen und Werten zusammen, sowie dem Gewissen. Das „Ich“ kontrolliert die Impulse vom „Es“, ob die Wünsche des „Es“ für die Umwelt und die Realität, in der man lebt, akzeptierbar sind. Das „Über-Ich“ ist das eigene Gewissen und die moralischen Werte der Gesellschaft. (Klotter 2001, 62)

Das Ich lege nach Freud als einzige Instanz im Bewusstsein und müsse zwischen den Anforderungen des Es und des „Über-Ich“ abwägen, d. h. das Ich fungiert als eine Art Vermittler. Es hat die Aufgabe, Unlust (durch Über-Ich) bzw. Überbefriedigung der Triebe (durch Es) zu vermeiden. Die einzige unbewusste Handlung die das Ich tätigt, sind die Abwehrmechanismen gegen das „Es“.
Das „Es“ sage, dass es dies und möglichst jetzt haben möchte.
Das „Ich“ sage, es arbeite daran, aber das Ich solle sich nur gedulden.
Das „Über-Ich“ sage, dass sei nicht erlubt und wenn das Ich es trotzdem tue, werde es dafür sorgen, dass alle sich schuldig fühlen werden.

Um die Entstehung und Brandbreite von Essstörungen untersuchen zu können, muss man sich gründlich mit der Triebentwicklung (frühkindliche Sexualität) beschäftigen. Freud ging davon aus, dass jeder Mensch Triebe hat, die zur Lebens,- Art- und Selbsterhaltung dienen. Neben dem Selbsterhaltungs- und Sexualtrieb gibt es noch den Liebes- und Todestrieb. Demnach geht Freud davon aus, dass jeder

Mensch von Natur aus, sowohl gute als auch böse Impulse hat. Es gibt verschiedene Phasen, die ein Kind bei der Entwicklung durchmacht, wie orale, anale oder phallisch-genitale Phasen. (Klotter 2007, 63)

In seinem bis heute umstrittenen Phasenmodell fasst Freud seine Erkenntnisse über die Entwicklung der kindlichen Sexualität zusammen.
Er unterschied die frühkindliche Triebentwicklung in verschiedene Phasen: die orale, die anale und die phallische Phase, sowie den Ödipuskomplex. Dabei ging Freud davon aus, dass bei "...bestimmten Altersstufen verschiedene Tätigkeiten und Wünsche des Kindes Ausdruck des Trieblebens sind und von besonderer Bedeutung für die Entwicklung bestimmter Charaktereigenschaften. Je nach Art des "Triebschicksals", d.h. je nachdem, ob eine Frustration, Versagung der Befriedigung im Sinne der Verwöhnung vorliegt, entwickeln sich schon in den ersten Lebensjahren Tendenzen bzw. Bereitschaften für die Entwicklung von Neurosen im Erwachsenenalter und bei angemessener Triebbefriedigung Frustrationstoleranz und Tendenz zur selbstständigen Bewältigung von Umweltanforderungen." (Keller/ Novak 1993: 289)

3.1 Aussagen zur psychoanalytischen Theorie

Die Psychoanalyse ist eine psychologische Theorie, die das menchliche Seelenleben als einen dynamischen Prozess sieht, der dauerhaft konfliktreich ist. Neben dem Bewusstsein wird auch das Unbewusstsein untersucht, was nur indirekt möglich ist. Meistens kann man dies durch Fehlleistungen, Träume und neurotische Symptome machen. Im Inneren eines Menschen gibt es unbewusste Widerstrebungen, die nicht miteinander vereinbar sind. (Klotter, 2007, 54).

Viele junge Mädchen fühlen sich beispielsweise auf Grund fehlender Kontakte, emotionalen Gefühlen oder Depressionen in ihrem Inneren leer.
Sie haben ein Gefühl in einem tiefen schwarzen Loch fest zu sitzen oder empfinden abstoßende Gefühle, sowie Angst. Die Betroffenen versuchen diese Aspekte mit Nahrung zu stopfen.

"Während der relativ kurzen Zeit des Anfüllens mit Essen verschwinden die unangenehmen, angstmachenden Gefühle vorübergehend, um dass in Form von Scham und schweren Selbstschuldigungen wieder aufzutauchen. Erneut unternimmt die Esssüchtige den gewohnten oralen Bewältigungsversuch und gerät so in einen elenden Kreislauf von Essen, Hungern, Selbstvorwürfen, empfindet sich als willensschwach, schuldig, unmässig gierig, unfähig zur Disziplin und welche der negativen Attribute mehr sind."(Schneider-Henn 1988, 18)

In dem aus dem „Es", dem „Ich" und dem „Über-Ich" bestehenden Strukturmodell spielt das „Über-Ich" eine wichtige Rolle bei Essstörungen. Bei Anorexia nervosa tauchen Probleme meistens auf, wenn das „Über-Ich" zu rigide, sowie zu kontrollierend ist und das normale Handeln von den Betroffenen sehr beschränkt wird. Deswegen ist eine unter Essstörungen leidende Person sehr streng zum eigenem Körper und nimmt nur kleine Nahrungsmengen zu sich. Unter Anorexia nervosa leidende Mädchen beschäftigen sich viel mit dem Kochen und vorbereiten, essen aber sehr wenig oder gar nichts davon. Wegen strengen „Über-Ichs" können sie sich sehr gut kontrollieren.

Nach Freud, durchläuft jedes Kind psychosexuelle Phasen. In diesen sind spezifische Körperrregionen lusterzeugend auch erogene Zonen genannt. In der oralen Phase ist der Mund die zentrale erogene Zone und die Lust wird durch Stillen empfunden. Durch das Stillen bekommt das Kleinkind Sicherheit, Zuwendung und Wärme, sowie die benötigte emotionale Unterstützung. Wenn die Mutter beim Stillen entspannt ist und sich dem Kind zuwendet, werden Wohlbefinden und Nahrungsaufname für das Kind zu einen Synonym. Ist dies nicht der Fall, kann die die Situation zwiespältig von dem Kind erlebt werden und das Risiko einer Essstörung wird größer, da mit der Nahrungsaufname keine positiven und schönen Gefühle verbunden sind. Eine nicht ausreichende Befriedigung der Bedürfnisse in der oralen Phase, führt häufig zu Essstörungen. (Klotter 2007, 62).

3.2 Empfehlungen für die psychodynamische Therapie von Magersucht

> "Die Psychodynamische Psychotherapie (PP) gründet auf der Psychoanalyse und ihren Weiterentwicklungen. Die Behandlungsprinzipien der PP bestehen in einer Bearbeitung lebensgeschichtlich begründeter unbewusster Konflikte und krankheitswertiger psychischer Störungen in einer therapeutischen Beziehung unter besonderer Berücksichtigung von Übertragung, Gegenübertragung und Widerstand. Dabei wird je nach Verfahren stärker im Hier und Jetzt oder im Dort und Damals gearbeitet, die Stundeninhalte sind je nach Verfahren strukturierter (Technik: Fokussierung) oder unstrukturierter (Technik: freie Assoziation) und der Therapeut greift jeweils auf eine stärker aktive oder eher zurückhaltendere Interventionstechnik zurück." (Stellungnahme zur Psychodynamischen Psychotherapie bei Erwachsenen, online)

Die Psychodynamische Therapie oder andere Pyschotherapien sind Möglichkeiten zur Bewältigung der Anorexia nervosa. Aus Darstellung von Schneider-Henn sind Symptome von Magersucht "[...]Ausdruck einer vielschichtigen, seelischen Störung, die sich im Lauf der Reifungsgeschichte des betroffenen jungen Mädchens entwickelt haben". (Schneider- Henn 1988, 168)
Bei dem Therapieverlauf ist die Einbeziehung der Familie sehr wichtig und kann die Behandlungsmotivation deutlich erhöhen, sowie den Eintritt in eine Einzelbehandlung erleichtern. Schlechte Familienbeziehungen sind äußerst ungünstig für den Verlauf. Bei einer Reihe von Patienten_Innen ist auch eine ambulante Behandlung mit stationären Aufenthalten nötig. (Reich 2001, 73). Sofern es möglich ist, wird empfohlen, die Familie in Form einer Familientherapie in die Behandlung mit einzubeziehen. Die Betroffene Person benötigt Zuwendung und Unterstützung, um die Esstörung erfolgreich zu überwinden.

Bei der erfolgreichen psychodynamischen Therapie werden diverse Schritte durchlaufen. Die Einleitungsphase ist die Diagnostik und Einleitung der Behandlung. In dieser ist es das Wichtigste, eine therapeutische Beziehung

herzustellen. Dabei soll man dem Patienten und den Angehörigen die Ernsthaftigheit dieser Störung, dem Spontanverlaufrisiko und der Notwendigkeit der Therapie vor Augen bringen. Zudem soll über Zusammenhänge der Erkrankung und Therapiemöglichkeiten informiert werden. Die zu behandelnde Person soll wissen, dass es um eine seelische Problematik geht. Es ist notwendig, in der Psychotherapie deutlich zu machen, dass der Therapeut sich von Autoritätspersonen, wie Familie oder Bekannte unterscheidet, die die Patientin zum Essen bringen und kontrollieren wollen. Kontrolle durch die Familie während der Therapie sollte vermieden werden.
In der Stabilisierungsphase ist zunächst wichtig, Minimal- und Zielgewicht festzustellen, sowie den/die Klient_In zu motivieren, dieses Zielgewicht auch zu erreichen und zu halten. Dabei ist sehr zu empfehlen, ein Esstagebuch zu führen, damit man die Veränderungen und den Erfolg sehen kann. Je nach Gewicht des/der Esskranken wird ebenso entschieden, ob stationäre Aufenthalte nötig sind. Bei einem BMI (body mass index= Körpergewicht in Kilogramm geteilt durch die Körperhöhe in Metern zum Quadrat) von 14,5 ist ein ambulanter Aufenthalt nötig. Der Therapeut sollte darauf drängen, auch wenn der BMI der Patientin darunter liegt und die Familie einen stationären Aufenthalt verneint. (Pudel 2001, 3).

Am besten ist es, mit dem/der Patient_In ein Gewicht auszuhandeln, welches er/sie sich selbst als Ziel setzt und demnächst auch in die Realität umsetzen kann. Unter Anorexia nervosa leidende sollten dadurch das Gefühl bekommen, dass sie ihr Handeln selber regulieren können und ihre Identität nicht erneut angepasst wird. Meistens gelingt eine Therapie nicht von Anfang an und die Vorgabe des Mindestgewichts wird häufig von der Seite des Therapeuten festgelegt. (vgl Reich 2001, 74).
Es ist von Vorteil, wenn der Therapeut mit der Patientin Konflikte und Lebensprobleme bespricht. Dadurch kann der Zusammenhang mit der Krankheit deutlicher erkannt werden und mit der Gewichtszunahme als Entwicklungsmöglichkeit und Erfolg angegangen werden.
Wenn der BMI ungefähr bei 16 liegt, wird es als sogenannte „mittlere Anorexie“ gesehen. Dabei werden in der Stabilisierungsphase keine Gewichtzunahmen vereinbart.Das Ausgangsgewicht zu halten ist ein westentlicher Punkt. Bei der psychodynamischen Behandlung von Anorexia nervosa wird empfohlen, das Thema der Gewichtskontrolle möglich wenig in das Gespräch einzubinden, was die Therapie

deutlich erleichtert. Dies kann die Tür zu tieferen psychischen Konflikten der Klienten sein, da der körperliche Zustand nicht ständig im Mittelpunkt steht. Die Patienten haben um Hilfe gebeten, indem sie zur Behandlung gekommen sind und über den Brennpunkt reden. Empfehlenswert ist es, die Symptome mit seelischen Konflikten einzubinden und diese miteinander zu verknüpfen. Wenn der Therapeut die Kontrolle des Gewichts übernimmt, kann es die Patientin zur Anwendung von Vermeindungsstrategien bewegen und Konfliktabwehrsituation bringen. (Reich 2001, 74-75).

In der Stabilisierungsphase wird geraten, als Therapeut eher auf die psychologische Seite der Krankheit zu achten, da es Konflikte mit sich bringt, das Gewicht und die Gewichtskontrolle in den Mittelpunkt zu stellen. Von Vorteil ist es, das Gewichtsproblem mit tiefenpsychologischen Konflikten zu verbinden, da hierdurch die Verknüpfung auch für dem/der Patient_In ersichtlich wird. Auch auf die Umgebung der Patientin sollte geachtet werden und falls nötig, bei einem BMI von unter 14,5, auf einen stationären Aufenthalt zu drängen.

In der dritten Phase werden psychodynamisch relevante Faktoren bearbeitet. Dazu gehören zentrale Abwehrmuster, sowie Konflikte und Ängste von dem/der Patient_In. Beabeitet werden Schuldkonflikte, Angst vor Kontrollverlust über das innere Erleben, Gier, Neid und weiteres. Ein guter Therapeut ist bereit für kommende Konflikte und handelt demenstprechen, da diese zur Theapie gehören und eine Entwicklung des Klienten zeigt. Am Ende dieser Phase sollte ein durchlässiger Umgang mit Impulsen entwickelt werden.

Die Abschlussphase beinhaltet Vorbeugung zukünftiger Konflikte. Dem/der Patient_In werden währenddessen Verarbeitungsmöglichkeiten beigebracht und auch durchgesprochen in Form von Rollenspielen. Der/die Psychotherapeut_In und der/die Klient_In setzen sich mit dem perfektionistischen „Ich-Ideal“ auseinander und prüfen, inwieweit die Einstellung zum Essen, Körper und weiblicher Identität verstanden und verändert wurde. Die Hauptkonfliktlinien werden mit Symptomen und Essverhalten zusammengeführt (Reich 2001, 78).

Bei zu starken Untergewicht wird eine stationäre psychodynamisch orientierte sehr empfohlen. Denn bei einem BMI unter 14,5 benötigt der Körper der Esskranken ärztliche Hilfe und Kontrolle. Für die Enscheidung zu einer stationären Behandlung wurden absolute und relative Indikationen ausgearbeitet. Bei ernsthaften körperlichen Komplikationen, Suizidalität sowie massivem Gewichtsverlust ist ein klinischer Aufenthalt unabdingbar (Herzog, Zeeck 2001, 80).

Bei der stationären Essstörungsbehandlung kommen meistens typische Probleme vor, die von der Seite des/der Patienten/In, sowie des/der behandelnden stammen. Die Symptomatik bekommt entweder zu viel oder zu wenig Aufmerksamkeit. Beim Überbetonen können andere Merkmale unbeachtet bleiben, die im Zusammenhang mit der Krankheit eine wichtige Rolle spielen könnten. Vernachlässigung der Symptomatik führt zu schlechteren Therapieergebnissen, sowie Rigidität bei Regeln, wenig Zusammenarbeit zwischen Behandlungseinrichtungen und zu frühe Beendigung der Essstörungsbehandlung. Seitens des/der Patienten/In werden meistens geringe und schwankende Motivation gezeigt, aber auch Unübersichlichkeit und Manipulationen, sowie Lügen. Wenn der/die Patient_In nicht offen ist und Motivation vortäuscht, basiert die Behandlung auf falschen Merkmalen und demensprechend kann das Ergebnis nicht erfolgreich sein, da mit falschen Mitteln gearbeitet wurde (Herzog, Zeeck 2001, 84).

Bei der psychodynamischen Therapie von Magersucht wird empfohlen, am Anfang mit dem/der Patient_In zusammen ein Mindestgewicht festzutellen und ein Essstagebuch zu führen. Abhängig vom BMI sollte auf stationäre Behandlung gedrängt werden, falls dieser zu niedrig, lebensgefährlich ist. Bei der Therapie ist es sehr wichtig, eher auf die psychologische Seite von Anorexia nervosa zu achten und zu versuchen den Krankheitsgrund in den tieferen psychologische Konflikten zu finden.
Eine Praxiseinrichtung, die sich mit Therapie und Beratung von Essstörungen in Hamburg beschäftigt, ist sMUTje von Brücke e.V..

4. sMUTje – Starthilfe für MUTige Jugendliche mit Essstörungen

sMUTje ist ein Angebotszweig von „Die Brücke – Beratungs- und Therapiezentrum e.V.“.
Die Brücke bietet eine weit gefächerte Palette zu verschieden Problemen, vor allem im Suchtbereich, wie auch zu Essstörungen an. Der Verein wurde 1986 mit dem Schwerpunkt der Behandlung von Essstörungen gegründet. 1989 kam die psychosoziale Betreuung von Substituierten, wie 1995 auch die ambulante

Rehabilitation von Suchterkrankten hinzu. sMUTje selbst entstand, als von „Aktion Mensch“ gefördertes Projekt zur Essstörungstherapie von Mädchen. Das Projekt wurde ein Jahr später um eine Ernährungsberatung erweitert. Die Finanzierung des Projektes durch Aktion Mensch endete 2010. Im selben Jahr gewann sMUTje eine Ausschreibung der Behörde für Soziales, Familie, Gesundheit und Verbraucherschutz und konnte somit weiterbestehen bleiben. sMUTje befindet sich in den Räumlichkeiten von Die Brücke e.V. Wördemanns Weg 23a in Hamburg.
Die Beratung bei Essstörungen wird dennoch an fünf Standorten in Hamburg für betroffene Jugendliche und Angehörige angeboten, zudem werden Präventionsangebote und Schulen und Jugendhilfe durchgeführt.
In dem Projekt sMUTje arbeiten zurzeit eine Sozialpädagogin und eine Pädagogin. Die zu dem Projekt gehörende Ernährungsberatung und -Therapie wird von einer Ökotrophologin geleitet.

4.1 Allgemeine Grundlagen für die Beratung und Therapie von Essstörungen

Im Rahmen des Projektes sMUTje - Starthilfe für MUTige Jugendliche mit Essstörungen werden persönliche Beratungsgespräche für Jugendliche im Alter von elf bis maximal 21 Jahren angeboten, sowie Beratung für Angehörige, Beratung und Fortbildung für (pädagogische) Fachkräfte, Prävention an Schulen oder ähnlichen Einrichtungen, Ernährungstherapie sowie ambulante Hilfen zur Erziehung für Familien mit Essstörungen.

2011 fanden 1056 persönliche Beratungsgespräche in den Räumlichkeiten statt, zudem etwa 100 Anfragen per E-Mail und 150 telefonische. Die Teilnahme an der Beratung von sMUTje ist ohne vorherige Anmeldung möglich. Zudem ist sie kostenfrei und auf Wunsch auch anonym.
Zu den persönlichen Beratungsgesprächen kommen auch verschiedene Gruppenangebote, wie zum Beispiel für angehörige Eltern oder eine Mädchengruppe im Alter von 15-18 Jahren.
Die verschiedenen Essstörungen sind prozentual wie folgt vertreten: In 41% der Beratungsgesuche bei sMUTje handelt es sich um Bulimia nervosa, zu 32% um

Anorexia nervosa, 7% Adipositas, 6% Binge-Eating-Störung, sowie 14%, dessen Essverhalten sich nicht klar zuordnen lässt.
Seit 2010 bietet sMUTje auch eine Beratung für Jungen an. Männliche Betroffene nehmen aber sehr selten die Beratung bei sMUTje wahr, nur rund eine von 100 Personen ist maskulin. Jedoch ist bei jungen Männern das Krankheitsbild wesentlich extremer als bei Mädchen oder jungen Frauen.

4.2 Ablauf eines Beratungsgesprächs bei sMUTje

Bei einem ersten Beratungsgespräch wird zunächst nach der gegenseitigen Vorstellung über das Anliegen beziehungsweise des/der Beratungsaufsuchenden gesprochen. Dies bedeutet, dass nachgefragt wird, wieso der, oder diejenige heute in der Beratung sitzt und was für ein Problem eventuell vorliegt. Hierdurch wird meist schon sehr klar um welche Essstörung es sich handelt.
Weiterführend wird darüber gesprochen, seit wann die Störung besteht, wie sich die Symptome bei dem/ der Betroffenen äußern, oder auch, wie der bisherige Verlauf der Krankheit war. Zudem werden soziale Bezüge und die Biographie des Klienten erfragt, zum Verständnis, welche Faktoren die Entstehung der Essstörung begünstigt haben könnten.
Außerdem werden über körperliche Beschwerden, wie zum Beispiel Zahnprobleme bei Bulimia nervosa und über eine gegeben Falls ärztliche Behandlung gesprochen.
Ein wichtiger Punkt des Gespräches sind bisherige Lösungsversuche und zur Verfügung stehende Ressourcen des Betroffenen, wie Vorbehandlungen, Therapie-Erfahrungen oder auch Medikamente.
Abschießend wird geschaut, ob ein Folgegespräch sinnvoll ist, beziehungsweise gewünscht wird, oder ob die Weitervermittlung in eine Ernährungstherapie, zum Arzt oder zum Psychotherapeuten, in eine Klinik, Selbsthilfe oder in eine Wohngruppe möglich ist. Oft wird jedoch nicht gleich nach dem ersten Gespräche weitervermittelt, sondern erst nach einigen weiteren Terminen zu solchen Schritten geraten.
In weiteren Gesprächen wird oft über Erste-Hilfe-Pläne gegen Essattacken gesprochen und solche zusammen erarbeitet. Ein an Bulimia nervosa erkranktes Mädchen, findet so mit der Beratung Möglichkeiten das Erbrechen, durch eine Vermeidungsstrategie heraus zu zögern. So wird eine ablenkende Beschäftigung

gefunden, die das Mädchen gerne tut. Dieses herauszögern ist oftmals sehr hilfreich, da nach einer Stunde beispielsweise das Verlangen nach dem Erbrechen nicht mehr so groß ist wie zuvor.
Nach eigenen Angaben von sMUTje wird ein Großteil der beratenen Jugendlichen weitervermittelt, circa 80-85%. Durch die Beratung fühlen sich viele Jugendliche in ihren selbstwert gestärkt, stabilisiert und erreichen dadurch eine deutliche Symptomverbesserung (Angaben von Fr. Federer in einem Gespräch, Sozialpädagogin bei sMUTje).

4.3 Der Fall von Charlotte K.- ein Mädchen mit Essstörung

In dem nun folgenden Fallbeispiel werden soziale, biographische und Krankendaten von Charlotte K. dargestellt und analysiert.

Die Interpretation erfolgt hier im Wesentlichen auf der Grundlage des Konzepts der Intersubjektivität in der Psychoanalyse nach Jessica Benjamin, dargestellt von Helga Buchholz, „Die verzehrte Frau" (Buchholz, 2001)

Charlotte (23 Jahre alt) lebt mit ihrer Familie in sehr behüteten Verhältnissen und befindet sich in einer langjährigen Beziehung mit Carlos (26). Charlotte ist nun im 2. Lehrjahr ihrer kaufmännischen Ausbildung, mit der sie eher unzufrieden ist, aber auf Wunsch ihrer Eltern die Ausbildung abschließen will. Charlotte ist schon immer sehr auf ihr Äußeres bedacht gewesen und lässt sich auch leicht durch die Schönheitsideale der Medien beeinflussen, und versucht sogar diesen Idealen nachzueifern. Somit entschließt sie sich an ihrem Gewicht etwas zu verändern, aufgrund dieser Veränderung die mit der Diät einhergehen, bekommt sie immer mehr Komplimente von ihrem Umfeld. Dies animiert sie dazu, etwas aus ihrem Aussehen zu machen wie z.B. nebenbei als Model zu arbeiten. Dieser Gedanke gefällt Charlotte immer mehr und sie entschließt sich eine Modelkarriere anzustreben. Sie wendet sich an eine Modelagentur, die sehr zufrieden mit ihr ist. Charlotte meint, wenn sie mehr an ihrem Gewicht ändern würde, dann bekäme sie somit mehr Aufträge. Ab diesem Zeitpunkt fängt sie an, ihr Essverhalten zu verändern und die Selbstzweifel nehmen auch zu. Sie fängt an Sport zu betreiben und einen Essensplan zu erstellen. Nach wochenlanger Diät ist für sie leider immer noch kein Unterschied festzustellen, trotz Aussagen ihres Freundes, der sie mehrfach darauf aufmerksam macht, dass sie mehr abgenommen, als sie sich vorgenommen habe. Sie entschließt sich fast nichts mehr zu essen und magert sich ab. Die Agentur möchte unter diesen Bedingungen nicht mehr länger mit Charlotte arbeiten, da sie nicht mehr gesund aussehe. Das macht Charlotte nichts aus, sie findet, dass die Agentur ein anderes Verständnis von „dünn sein“ habe, als sie. Carlos äußert des Öfteren seinen Unmut gegenüber Charlotte und möchte, dass sie dringend etwas an ihrem Essverhalten ändert, sonst wolle er die Beziehung beenden. Er rät ihr eine Therapie an, diese lehnt sie zuerst ab. Als ihr Carlos Charlotte ein Ultimatum stellt, ist sie Carlos zuliebe damit einverstanden. Während der Therapie stellt Charlotte fest, dass der Therapeut sie nicht verstehe und bricht diese dann schon nach der 4. Sitzung ab. Nachdem sie die Therapie abbricht, reicht es Carlos und beendet die Beziehung zu Charlotte. Charlotte ist dann noch deprimierter, sodass sie noch weniger isst als vorher. Außerdem betont sie öfter, dass ihr Leben kein Sinn ergebe und sie unter diesen Bedingungen nicht mehr leben wolle. Dieses Verhalten von Charlotte bemerken jetzt auch ihre Eltern. Die Mutter versucht zunächst auf Charlotte einzureden, die Therapie vielleicht doch noch fortzusetzten, die Charlotte ohne zu zögern ablehnt. Der Vater von Charlotte erkennt seine Tochter nicht wieder und beschließt letztendlich einen Arzt aufzusuchen. Im Krankenhaus erklären die Eltern von Charlottes Essverhalten. Selbst der Arzt ist sehr besorgt um Charlotte und möchte sie so schnell wie möglich in ein Krankenhaus einweisen lassen, um die Therapie fortzuführen. Der Arzt rät auch den Eltern einen Therapeuten aufzusuchen, der Familienangehörige in solchen Situation begleitet und aufklärt.

4.4 Die Behandlung und Therapie von Charlotte K.

Wie bereits erwähnt, wird die Analyse hier größtenteils auf der Grundlage des Konzepts der Intersubjektivität in der Psychoanalyse nach Jessica Benjamin (1994) durchgeführt.

Das Intersubjektive Konzept wurde von einer Forschergruppe um den Psychoanalytiker Robert Stolorow und seinen Kollegen Atwood, Branchaft, Orange und Ross begründet. Solorows Ansicht ist die

„Intersubjektivitätstheorie eine Feldtheorie oder Systemtheorie in dem Sinne, daß sie psychologische Phänomene nicht als Produkte intrapsychischer Mechanismen versteht, sondern als Phänomene, die im Übergangsbereich zwischen zwei interagierenden Subjektivitäten entstehen."(Stolorow und Atwood 1992, S. 1, in „Zweiter Teil: Klassische und moderne Auffassung der psychoanalyitschen Grundpfeiler, online von der Seite fu-berlin.de)

Beim Aufnahmegespräch unterschätzte Charlotte ihren Zustand deutlich. Sie war davon überzeugt, dem Idealgewicht zu entsprechen. Es wurde deutlich, dass Charlotte schon zu Anfang kein Interesse an der Therapie hatte. Die eigentliche Therapiemotivation galt nur Carlos, da er ihr ein Ultimatum stellte. Die geringen Essensportionen (1800 kcal. Pro Tag) bewältigte sie Anfangs gut, doch mit der Zeit wurde ihr Essverhalten immer schlechter.

Während der Therapie wurde zum einen strukturierend gearbeitet, zum anderen wurden die Suchtkomponente in der Familie bearbeitet. Es stellte sich heraus, dass Charlotte den angeblichen Forderungen der Familie nicht gerecht werden könne. Hauptsachlich durch das Versagen in ihrer Ausbildung. Hinter all diesen Bedürfnissen steckten in Charlottes Fall Ängste, Ihre komplette Familie und Freunde zu verlieren.

Es soll nicht möglich gewesen sein, eine wirkliche „Introspektion" durchzuführen wegen Charlottes verinnerlichten Idealbildern, ihrem Leistungsdenken und ihr kaum vorhandenes Selbstbewusstsein. Im Laufe der Therapie wurden ihre Schwierigkeiten mit dem Essen immer bedrohlicher. Ihre Stimmung wechselte von depressiv zu autoaggressiv. Sie begann sich selbst zu verletzen, indem sie Ihre Haut an den Handgelenken anritzte. Durch ihren akuten Hang zur Suizidalität, wurde eine fünftägige Einweisung in eine geschlossene Abteilung vorgenommen. Dort kam es zu einer sehr starken Gewichtsabnahme.

Nach der Wiederaufnahme in der vorherigen Station wurde mit Charlotte ein Vertrag aufgesetzt, der Eigenverantwortlichkeit als Ziel hatte, was sowohl Nahrungsaufnahme, als auch die sportliche Betätigung und Gewichtszunahme erzielte. Hier wurde deutlich, dass Charlotte an die Grenzen ihrer Belastbarkeit kam.

Nachdem es Charlotte ein wenig besser ging, wurde eine Zwischenentlassung vereinbart, weil sie ihre Motivation außerhalb der Klinik überprüfen wollte. Bei dem folgenden Wiederaufnahmegespräch, vierzehn Tage später, hatte sie umsetzbare Vorschläge für den weiteren Verlauf der Therapie. Insgesamt machte sie einen reiferen und selbstsichereren Eindruck. Nach weiteren zwei Monaten stationären Aufenthaltes wurde Charlotte in eine Nachsorgeeinrichtung entlassen. Diese sagte ihr allerdings nicht zu und sie wurde wieder rückfällig. Sie begann extrem zu fasten und zwischendurch hatte sie Essanfälle und übergab sich anschließend. Nachdem sich Charlottes Situation verschlechterte, war sie gefangen in der Bulimie. Sie beschrieb sich selbst als vollkommen ratlos und verzweifelt und überlegte sich wider vollstationär aufnehmen zu lassen, da sie alleine mit der Lösung der Probleme überfordert war. In Absprache mit ihrer Therapeutin wurde jedoch eine stationäre Behandlung nicht für nötig gefunden.

Körperliche Schädigungen

Fasten, Erbrechen und der Gebrauch von harntreibenden Medikamenten (Diuretika) oder Abführmitteln (Laxantien) können zu einem Mangel an lebensnotwendigen Elektrolyten wie z.B. Kochsalz, Magnesium oder Kalium führen.
Gleichzeitg kommt es oft zu **Verschiebungen des Säuregehaltes** im Blut. Die Möglichkeiten der gesunden Niere und anderer Organe, die Elektrolytkonzentration und den Säure-Basen-Haushalt des Blutes stabil zu regulieren und auftretende Schwankungen auszugleichen werden häufig stark überfordert. Oft entsteht dann eine Kombination aus Kaliummangel und Säuremangel, die zu schweren **Herzrhythmusstörungen** und anderen EKG-Veränderungen führen kann. Weiterhin kommt es zu Verkrampfungen und einer schnellen Ermüdbarkeit der Muskulatur.
Eine andere wichtige Funktion der Niere ist die Ausscheidung von Abbauprodukten über den Urin, die beispielsweise im Stoffwechsel bei der Verdauung von eiweißreicher Nahrung entstehen.
Langandauernde **Elektrolytstörungen schädigen das Nierengewebe**. Mit der Zeit kommt es dann zu einer zunehmenden Beeinträchtigung der Nierenfunktion. Wassereinlagerungen im Gewebe sind meist die Folge einer Reaktion der Niere, mit der ein weitergehender Elektrolytmangel kompensiert werden

soll.
In Verbindung mit einer zu geringen Flüssigkeitsaufnahme kann schließlich der **Harnsäurespiegel ansteigen** und so ebenfalls zu **Nierenstörungen** führen, wie sie sonst nur von der Gichterkrankung bekannt sind.
Langjähriger **Kaliummangel** kann die Nierenfunktion dauerhaft schädigen! Das Nierengewebe schrumpft, die Niere wird kleiner und es kommt zu einer sogenannten **chronischen Niereninsuffizienz**. Bei Niereninsuffiziens können Ödeme dann auch infolge eines Eiweißmangels entstehen (sog. Hungerödeme).
Durchblutungsstörungen mit Kältegefühlen an den Händen und Füßen sind häufig eine Folge. In extremen Fällen kann es sogar zu Erfrierungen kommen.
Veränderungen der Sexualhormone treten schon nach einer Gewichtsabnahme von wenigen Kilogramm ein und können zu Unregelmäßigkeiten des Zyklus und zu einer **Einschränkung der Fruchtbarkeit** führen (unerfüllter Kinderwunsch). Schätzungsweise 80% der Magersüchtigen, die ihre Essstörung erfolgreich überwinden, werden wieder empfängnisfähig.
Bei auftretenden Heisshungeranfällen mit anschliessendem Erbrechen kann es zu **Sodbrennen und Entzündungen der Speiseröhre** aufgrund der zurückfließenden Magensäure kommen. Dies kann in einigen Fällen zu einem **Geschwür** führen. Durch ein solches Geschwür sind Blutungen oder Wanddurchbrüchen möglich, welches lebensbedrohliche Komplikationen nach sich ziehen kann.
Besonders schwerwiegend ist der **Vitamin-D-Mangel**. In Verbindung mit Nierenfunktionsstörungen, veränderten Sexualhormonen und einem Calcium- oder Phosphatdefizit führt der Mangel an Vitamin D zu schwerwiegenden Störungen des Knochenstoffwechsels. Die Mineralisation der Knochengrundsubstanz wird unzureichend. Es kommt zu einer **Knochenerweichung** (Osteomalazie) und zu einer Verminderung der Knochengrundsubstanz (Osteoporose). Als Folge können Knochenbrüche schon nach minimalen Stürtzen auftreten.
Andere Umbauprozesse der Knochen mit Auftreibungen und Verbreitungen an den Endgliedern der Finder oder Zehen führen manchmal zu sogenannten **Trommelschlegelfingern oder -zehen.**

Psychische Folgen

Veränderungen des Eiweißstoffwechsels können bei kohlenhydratarmer Ernährung möglicherweise die Übertragung zwischen den Nervenzellen im Gehirn und somit die Stimmung verändern. Mit zunehmender **Depression** verliert man immer mehr Lebensfreude und Interesse an der Umwelt. Dies führt zu einem Teufelskreis. Gleichzeitig nimmt die **Konzentrationsfähigkeit** ebenso wie die allgemeine Leistungsfähigkeit und auch das Interesse an der Sexualität ab.

4.5 Analyse und Bewertung des Falls

Wie an Hand des Lebenslaufes ersichtlich ist, entwickelte Charlotte ungefähr ab dem erwachsenen das atypische Essverhalten.

Sie scheint sehr abhängig von der Anerkennung und Bestätigung der anderen zu sein. Auch gelingt es ihr nicht, diese Abhängigkeit von Anerkennung in Einigkeit mit ihren vorhandenen Autonomiebestrebungen zu bringen. Zudem ist es offensichtlich, dass es Charlotte kaum gelingt emotionale und körperliche Bedürfnisse zu unterscheiden, beziehungsweise sich Bedürfnisse zugesteht.

„Charlotte konstruierte eine rigide Wirklichkeit, die nicht als modifizierbare Sinnkonstruktion hinterfragt und verstanden werden konnte, weil es für sie in erster Linie eine Erfahrungswirklichkeit war“ (Buchholz, 2001, 244)

Im Folgenden werden einzelne Denk- und Sinnkonstruktionen, die im Zusammenhang zu der Entwicklung von Charlottes Anorexie stehen könnten dargestellt:

Durch eine starre „Entweder-Oder-Logik“ von Chalotte, ist für sie entweder Autonomie in Zusammenhang mit der Distanz zu andern erlebbar, oder Gegenteilig Nähe und Geborgenheit, verstrickt mit Abhängigkeit. Charlotte erlebte sich als heteronom und nicht als Gestalter ihrer eigenen Umwelt. Sie hatte kein Zutrauen in ihre Fähigkeiten und erlebte sich selbst, als sei sie unter der Kontrolle anderer Personen. Insbesondere ist herauszustellen, dass Charlotte zwar eher unbewusst allein mit der Anorexie innere Kontrollüberzeugung gewann und Autonomie erlebte. Hier allein sah sie für sich die Möglichkeit, eigene Entscheidungen zu treffen, unabhängig von anderen. Dadurch sah Charlotte keine Veranlassung, ihre Wirklichkeitskonstruktion zu hinterfragen, weil sie nicht selbstkritisch ihr Verhalten wahrnehmen konnte. Sie konnte keine konkreten Ziele für sich formulieren. Als Charlotte ihr Problem allmähliche erkannt, stürzte sie in eine schwere Selbstwertkrise. Sie reagierte auf die „Diskrepanz zwischen Ist- und Soll-Zustand mit Selbstverachtung und Selbsthaß"(Buchholz 2001, 245). Im weiteren Verlauf der Behandlung wurde deutlich, dass sie versuchte, wieder einen positiven emotionalen Zustand herzustellen, den sie aus der Anfangsphase der Magersucht erinnerte. Deshalb scheint die weitere Entwicklung Charlotte nach der vollstationären Behandlung nachvollziehbar. Denn in dieser Zeit wurde sie wieder durch äußere Anforderungen in eine Selbständigkeit geführt, die sie überforderte. Es wurde deutlich, dass Charlotte weiterhin einen dünnen Körper wollte und nur dadurch ein internales Kontrollerleben möglich war. „Nicht-Essen" diente dem Ziel, das familiäre Umfeld zu ihren eigenen Vorteil zu manipulieren und sich den Anforderungen des Vaters zu entziehen, ohne offen Nein sagen zu müssen.

„Der immer dünner werdende Körper galt als anerkannte Entschuldigung für nicht mehr leistbare Forderungen."(Buchholz, 2001, 246)

„So liegt die Vermutung nahe, daß es sich bei Anna um die von Selvini- Palazzoli (1982) beschriebene, sekundäre neurotische Anorexie" handelte, die sie von der 'echten' Anorexie nicht nur durch bulimisches Symptomverhalten, sondern vor allem durch ihren appellativen Charakter klar abgrenzt." (Buchholz, 2001, 246)

5. Der aktuelle Forschungsstand bei der Therapie von Anorexia nervosa

Auf Grund mangelnder aktueller Forschungen im Bereich der Psychoanalyse, ist der im Folgenden dargestellte Therapieansatz der psychologischen Schule des Behaviorismus zu zuordnen. Auch zu der, unter Punkt zwei vorgestellten Einrichtung sMUTje gibt es keine Studie, auch da diese Einrichtung noch nicht lange besteht und mit drei Mitarbeitern zu klein ist.

Die Dialektisch-Behaviorale Therapie, entwickelt von M. Linehan zur Behandlung von Klienten mit einer instabilen Persönlichkeitsstörung, wie die Borderline-Persönlichkeits Störung, wurde von Miller und anderen in eine Therapieform für Menschen, die an Anorexia und Bulimia nervosa leiden abgewandelt. Die Dialektisch- Behaviorale Therapie (DBT) wird als stationäres Behandlungskonzept angewandt und umfasst nach dem Behandlungsplan drei Phasen in zwölf Wochen. In der ersten Phase, welche zwei Wochen dauert, wird eine Anamnese erstellt, sowie eingehende Analysen zu dem Essverhalten vorgenommen, der Behandlungsplan wird dem/der zu therapierenden vorgelegt und erläutert, diese_r willigt wiederrum durch die Unterzeichnung des Therapievertrages in die Behandlung ein. Nach der ersten Phase, der Vorbereitungshase folgt die zweite Phase mit einer Länge von acht Wochen. Das speziell auf dem einzelnen Klienten abgestimmte Behandlungskonzept wird verwirklicht, sowie eine Reintegration in das gewohnte Umfeld langsam begonnen, um so den Klienten auf die im Alltag wartende Belastung vorzubereiten. In der dritten Phase (zwei Wochen) wird der Klient zunehmend in sein normales Umfeld entlassen, die Therapie wird ambulant weitergeführt.

Die DBT enthält verschiedene Behandlungskomponenten, wie einerseits Einzeltherapie mit Wochenzielbesprechung, andererseits auch Gruppenaktivitäten, wie Fertigkeitstraining, Essstöungsspezifisches- und Selbstwertmodul in der Gruppe, aber auch Familiengespräche. Weiterführend wird mit einer Körpertherapie gearbeitet, sowie mit einem Essprogramm als Stufenplan, welcher die adäquate Ernährung sicherstellen soll, jedoch auch individuelle Gestaltungsräume lässt (Salbach, 2007).
Zudem wird am Anfang der Behandlung eine Hierarchisierung der Behandlungsziele vorgenommen welches

„I. Die Reduktion suizidalen und selbstschädigendes Verhalten [...], II. Reduktion therapiegefährdenden Verhalten [...] III. Reduktion hospitalisierungsfördernden Verhaltens[...], IV. Probleme der Lebensführung und individuelles Leid [...]V. Verbesserung von Verhaltensfertigkeiten [...] (Salbach 2007, 96).

An der Studie nahmen insgesamt 31 weibliche Patientinnen teil, von 23 an Anorexia nervosa und acht an Bulimia nervosa leideten zu dem wiesen rund 77 Prozent eine Komorbidität auf, welche sich zu meist als Depression äußerte. Das Durchschnittsalter betrug sechszehn Jahre.
Zur Messung wurden im Verlauf der Behandlung mehrmals der BMI, und typische Merkmale der Essstörungen, wie Essanfälle, Erbrechen, Fasten oder Vermeidung von Kalorien erfasst. Diese Merkmale wurden auf einer Fünfpunkteskala operationalisiert. Zudem wurden Selbstbeurteilungsbögen, zur subjektiven Selbstwahrnehmung von den Teilnehmerinnen ausgefüllt und ausgewertet, sowie ein Fragebogen zur Beurteilung der laufenden Therapie.

Die Auswertung ergab zum einem eine Therapieabbruchquote von 3,2%; eine der 31 Teilnehmerinnen, brach die Therapie vorzeitig ab. Durch den Vergleich der Fragebögen und Dokumentation der Essstörungsspezifischen Merkmale, ergab sich, dass die allgemeine psychische Lage der Patienten durch die Therapie verbesserte wurde und sie ein stabileres Grundgefühl entwickelte. Zudem verbesserten sich beispielsweise auch die Depressionen, derer die zusätzlich an dieser komorbidialen Krankheit litten. Die Häufigkeit von Essanfällen, Erbrechen, sowie Fasten und Vermeidung von Kalorienaufnahme sank ebenfalls sehr stark. Durch die Analyse der BMI- Werte der Patientinnen, ließ sich feststellen, dass die, die an Anorexia nervosa erkrankt waren, ihr Körpergewicht während des stationären Aufenthalts signifikant erhöhen konnten. Wohingegen, die an Bulimia nervosa erkrankten keine nennenswerten Gewichtsveränderungen zu verzeichnen hatten.

Die Behandlungseinschätzung von Patientinnen, Angehörigen und Therapeuten, ergab, dass der Erfolg der Therapie als „durchschnittlich" bewertet wurde, die Qualität jedoch teilweise als „überdurchschnittlich". Diese noch recht neue Therapieform kann sich, durch die in der Studie gewonnenen Erkenntnisse durchaus mit anderen Therapieansätzen messen, vor allem ist dabei die geringe Abbruchrate zu beachten. (Salbach, 2007, 105)

6. Resümee

Das Feld der Essstörungen ist ein weit gefächertes. Wie das Fallbeispiel von Charlotte K. zeigt, gehen verschiede, auf den ersten Blick extrem unterschiedliche Krankheiten ineinander über und manifestieren sich über einen langen Zeitraum. Ebenso vielfältig und umfassend müssen die therapeutischen Maßnahmen sein, um die betroffenen bestmöglich zu erreichen. sMUTje, als eine noch relativ neue Einrichtung zeigt, wie der Erstkontakt, eine erste Einschätzung der Lage, einschließlich vieler Selbsthilfeimpulse, sowie die Weitervermittlung in Therapieeinrichtungen sich gestalten kann.

Auch die dargestellte Studie und der psychoanalytischen Empfehlungen zu der Therapie von Anorexia nervosa zeigen, die mannigfachen Aspekte die bei einer Behandlung existenziell sind.

Gerade der soziale Kontext und die bisherige Entwicklung und Erfahrungen, vor allem im Kindesalter ist für das Verständnis der Erkrankung von hoher Relevanz. Das Umfeld ist gefordert Auffälligkeiten mit großer Achtsamkeit zu verfolgen. Auch wie der Fall von Charlotte K. zeigt und wie in der Einrichtung von sMUTje berichtet wurde, bedarf die Nachsorge und die Reintegration nach einer stationären Behandlung einen weiteren Ausbau.

7. Literaturverzeichnis

Buchholz, Helga (2001): Die verzehrte Frau – Anorexie und Bulimie im Spiegel weiblicher Subjektivität, Opladen, Leske + Budrich

BZgA-Bundeszentrale für gesundheitliche Aufklärung (2010): Essstörungen, Leitfaden für Eltern, Angehörige und Lehrkräfte

*Fu-berlin.de:*Zweiter Teil: Klassische und moderne Auffassungen der psychoanalytischen Grundpfeiler,http://www.diss.fu-berlin.de/diss/servlets/MCRFileNodeServlet/FUDISS_derivate_000000002943/09_ZweiterTeil_Kapitel_7.pdf?hosts= (Zugriff am 31.08.2012)

Freud, Sigmund (2006): Elemente der Psychoanalyse, Frankfurt am Main: Fischer Taschnebuch Verlag

Klotter, Christoph (2007): Einführung Ernährungspsychologie, München, Ernst Reinhardt Verlag

Reich, Güntner / Criepka, Manfred (2001): Psychotherapie der Essstörungen, Krankheitsmodelle und Therapiepraxis- störungsspezifisch und schulenübergreifend, Stuttgart, Georg Thieme Verlag

Salbach, Harriet, et al. (2007): Dialektisch-Behaviorale Therpaie für jugendliche Patientinnen mit Anorexia und Bulimia nervosa (DBT-AN/BN) – eine Pilotstudie, Erschienen in „Praxis der Kinderpsychologie und Kinderpsychatrie 56, S 91-108, Vandenhoeck & Ruprecht

Schneider-Henn, Karin (1988): Die hungrigen Töchter. Essstörungen bei jungen Mädchen, München: Kösel-Verlag

Federer, Anja :sMUTje- Starthilfe für MUTige Jugendliche mit Essstörungen, ein Gespräch mit Frau Federer, Sozialpädadgogin der Einrichtung am 18.5.2012 in der Einrichtung am Wördermanns Weg 23a

Psychoanalytikerinnen. Biographisches Lexikon, online unter:
http://www.psychoanalytikerinnen.de/usa_biografien.html#Benjamin
(Zugriff: 10.08.2012)
Stellungnahme zur Psychodynamischen Psychotherapie bei Erwachsenen

http://www.wbpsychotherapie.de/page.asp?his=0.1.17.69.70
(Zugriff 10.08.2012)